W0400666

KATZEN SPIELE-BOX

1 Geschicklichkeits- und Suchspiele

2 **24 | Zapfen-Schmankerl**

Mit Bastel-Tipp

3 Das Spiel mit dem leckeren Zapfen fordert die Kombinationsgabe, Ausdauer und Geschicklichkeit Ihres vierbeinigen Lieblings heraus.

➤ **Geeignet für:** Katzen, die genügend Geduld und Hartnäckigkeit investieren, um den Zapfen zu plündern.

➤ **Zapfen bestücken:** Pinienzapfen finden Sie als Deko vor allem im Gartenfachhandel. Oder aber, Sie bringen selbst gesammelte Pinienzapfen aus dem Urlaub am Mittelmeer mit. Der Zapfen muss schon geöffnet sein und darf keine Samen mehr enthalten. Geschlossene Zapfen legt man am besten auf die Heizung und klopft die Samen nach dem Öffnen vorsichtig heraus. Bestücken lässt sich der Zapfen mit Trockenfutterbröckchen, Federn, Papierbällchen, Trockenfisch und vielem mehr. Mieze muss nun alles wieder herausfummeln.

➤ **Motivieren:** Zupfen Sie ein paar Objekte aus dem Zapfen oder wedeln Sie mit der Federangel über dem Zapfen, um Miezes Aufmerksamkeit auf den Pinienzapfen zu lenken.

TIPP

Auf glatten Böden rutscht der Pinienzapfen leicht unter den Pfoten der Katze weg. Setzen Sie ihn auf etwas Kinderknete. Die ist auch für Katzen ungiftig.

G|U Katzen Spiele-BOX

elzeug
elzeug
sein,
t tragen
Ver-
des
Sie die
hinter
hoten,
Eichel
ie Kette
ünschte
chluss
eiben
mit
aldrian-
Katze
eug zu
nzelne
ch ganz

4 G|U Begleitbuch, S. 36

Das steht auf den Übungskarten

Auf den Karten finden Sie alle Informationen und Hinweise, um mit Ihrer Katze erfolgreich zu trainieren und zu spielen. Hier lesen Sie, was die einzelnen Kartenelemente bedeuten.

1 **Farbcode:** Die Übungen sind in vier Kategorien unterteilt. Für jede Kategorie gibt es eine spezielle Farbe, mit der die Karten hinterlegt und zum schnellen Erkennen auch am oberen Kartenrand markiert sind:

Volldampf- und Ballspiele

Geschicklichkeits- und Suchspiele

Denk- und Kombinationsspiele

Tricks und Akrobatik

2 **Nummer und Name der Übung** stehen jeweils auf der Vorderseite der Karte.

3 **Übungsanleitung:** Der Kartentext auf Vorder- und Rückseite erläutert Schritt für Schritt, wie Sie die Übung richtig aufbauen, welche Objekte dazu gebraucht werden, worauf Sie besonders achten müssen und für welchen Katzentyp (→ TypTest, Begleitbuch Seite 46) dieses Spiel besonders geeignet ist.

4 **Verweis aufs Begleitbuch:** Auf der hier angegebenen Seite des Begleitbuchs finden Sie unter »Das sollten Sie wissen« Informationen zum Verhalten der Katze, nützliche Tipps und zusätzliche Trainingshinweise zu den Übungen.

Spielen macht glücklich

Spielen fordert Körper, Köpfchen und alle Sinne der Katze – ein Leben lang. In diesem Begleitbuch erfahren Sie, wie man Katzen zum Spielen verführt und welche Spiele welchen Spielertypen am meisten Spaß machen. Hintergrundinfos und nützliche Praxistipps ergänzen und erleichtern das Training mit den Übungskarten.

Was Katzen alles können

Katzen sind die großen Individualisten. Die einen sind schmusesüchtig, andere scheuen zu viel Körperkontakt, die einen plappern pausenlos, andere bringen den Mund nicht auf, und zum Menu im Fressnapf hat jeder Wohnungstiger sowieso seine eigene Meinung. Beim Spielen sieht es nicht anders aus: Die meisten Katzen sind spielsüchtig, es gibt aber auch erklärte Spielmuffel, die den Tag lieber auf dem Sofa verbringen oder allein durchs Revier streifen. Bei den einen braucht es kaum Überredungskunst, um sie zum Spielen zu animieren, für die anderen müssen es schon besonders reizvolle Angebote sein, um sie vom Sofa wegzulocken.

Supersinne und ein Body nach Maß

Bei einem Auto mit Premiumausstattung ist alles an Bord, was das Fahren erleichtert. Die Premiumausstattung der Katze macht sie zum perfekten Raubtier mit einem perfekten Körper und unbestechlichen Sinnen. Was ihr bei ihren »ernsthaften« Aktivitäten wie Beutemachen und Feindabwehr zum Erfolg verhilft, lässt sie auch im Spiel fast jede Herausforderung mühelos meistern.

➤ **Blitzstart und Hakenschlagen.** Die Katze besitzt einen muskulösen und sehr beweglichen Körper. Kraftvoller Schub aus der Hinterhand ermöglicht schnelles Beschleunigen und weite und hohe Sprünge selbst aus dem Stand. Beim Sprung dient der Schwanz als Steuerhilfe und garantiert die punktgenaue Landung. Durch Hakenschlagen im vollen Lauf entkommt die Katze fast immer auch schnelleren Verfolgern.

➤ **Totale Körperkontrolle.** Katzen bewegen sich in fast jeder Lebenslage sicher und beherrscht, ob beim Balancieren auf schmaler Brüstung oder beim Klettern im Baum.

➤ **Abwehrbereitschaft.** Katzen können blitzschnell reagieren und sich mit Pfotenhieben und Krallen wehren.

➤ **Durchblick im Restlicht.** Katzen sind Dämmerungstiere. Dank ihres hoch entwickelten Sehvermögens können sie sich selbst im letzten Licht der Dämmerung noch orientieren. Die Augen nehmen vor allem Bewegungen wahr, unbewegte Objekte werden häufig übersehen.

➤ **Hören im Halbschlaf.** Die Ohrmuscheln der Katze sind unabhängig voneinander drehbar und orten Schallquellen punktgenau. Auf Schlüsselreize wie das Rascheln und Fiepen eines Nagers reagieren Katzen sogar im Halbschlaf.

➤ **Duftmarken.** Düfte spielen im Leben der Katze eine große Rolle. Mit Harn- und Kotmarkierungen hinterlässt sie im Revier Geruchsbotschaften für ihre Artgenossen. Im Heimbereich, dem Revier 1. Ordnung, werden Objekte, vertraute Menschen und Tiere ebenfalls mit Eigenduft gekennzeichnet. Bei Begegnungen mit anderen Katzen liefern die individuellen Gerüche wichtige Informationen, und bei Werbung und Paarung bestimmen Sexuallockstoffe die Stimmung und das Verhalten von Kätzin und Kater.

➤ **Lernen durch Nachahmen.** Katzen sind hervorragende Beobachter. Durch Beobachten und Nachahmen der Mutter lernen die Kätzchen schon in der Wurfkiste wichtige Verhaltensweisen und Bewegungsmuster. Ihre gute Beobachtungsgabe machen sich erwachsene Katzen zunutze, wenn ihnen Nachahmen Vorteile verspricht, etwa wenn es gilt, durch Sprung auf die Klinke eine Tür zu öffnen. Vorbilder können Artgenossen, der Mensch und selbst der Haushund sein.

➤ **Audiovisuelle Landkarte.** Die Katze verfügt über einen untrüglichen Orientierungssinn. Ihr Gehirn speichert optische und akustische Wegmarken, anhand derer sie sich in Wohnbereich, Revier und näherer Umgebung zurechtfindet.

Die Basics des Spieltrainings

Lange hielt man Katzen für notorische Einzelgänger, die ihren Artgenossen möglichst aus dem Weg gehen. Heute weiß man, dass sie vielfältige Kontakte untereinander knüpfen, dass es die sogenannten Bruderschaften der Kater tatsächlich gibt, dass sich befreundete Kätzinnen bei der Jungenaufzucht helfen und Streuner für gewisse Zeit Zweckgemeinschaften bilden und zusammen auf Beutezug gehen. Trotzdem ist die Katze unabhängig und selbstständig geblieben. Unterordnung ist ihr fremd, Entscheidungen trifft sie nach eigenem Gutdünken. Das gilt für alle Lebensbereiche, auch fürs Spielen. Der menschliche Spielpartner ist gleichberechtigt, aber nicht mehr. Spielvorschläge sind willkommen und werden je nach Tagesform und Spiellaune akzeptiert oder abgelehnt. Wer drängelt und glaubt, mit etwas Nachdruck und Überzeugungsarbeit zum Ziel zu kommen, erntet Ablehnung und vermiest seiner Katze den Tag.

Zum Spielen verführen

Auch wenn Ihre Katze letztlich entscheidet, ob und was sie spielen will, müssen Sie nicht unbedingt warten, bis sich ihre Hochwohlgeboren irgendwann gnädig zum Mitmachen herablässt. Bei einem Spielmäuschen an langer Schnur, das im wilden Zickzack vor ihrer Nase tanzt, zuckt es den meisten Katzen in den Pfoten. Das geheimnisvolle Halbdunkel eines Raschelsacks muss natürlich erkundet werden, dem betörenden Duft des Minzsäckchens widerstehen nur wenige Katzen und den Gitterball, der Leckerli ausspuckt, sobald man ihn anschubst, kann auch keine links liegen lassen.

Stimmt die Stimmung? Was immer auf dem Spielplan steht: Ihre Katze muss hellwach und freundlich-entspannt sein.

➤ **Die Uhr im Katzenkopf.** Dass die Katze einen hoch entwickelten Zeitsinn hat, erlebt jeder Halter zur Fütterungszeit, wenn Mieze auf die Minute pünktlich neben dem Napf steht – ohne dass man sie gerufen hat. Der Zeitsinn spielt im Katzenleben eine zentrale Rolle, unter anderem bei der täglichen Spielstunde, die möglichst nicht verschoben werden sollte.

Das geht Katzen gegen den Strich

Die Katze ist ein sensibles Tier. Ein Zuhause, in dem sie sich wohl und geborgen fühlt, ist ihr ebenso wichtig wie das richtige Futter. Spielen ist dafür ein guter Gradmesser: Eine Katze, die gern spielt und sich zum Spielen animieren lässt, ist entspannt und ausgeglichen. Umgekehrt sollte man genauer hinschauen, wenn die Katze nie spielt. Oft gibt es »atmosphärische Störungen«, die der Halter selbst vielleicht als nicht dramatisch einstuft. Das mögen Katzen nicht: Entzug von Gewohnheitsrechten (z. B. Schlafen im Bett), unregelmäßige Tagesabläufe (Mahlzeiten, Freigang, Spielstunde), Störungen während der Siesta, Zuwendungsentzug (z. B. Vernachlässigung wegen Baby), schrille Töne, scharfe Gerüche (Zitrusduft).

EIN FEST FÜR DIE SINNE

Je stärker ein Spiel ihre Sinne anspricht, desto leichter lässt sich eine Katze zum Mitmachen verführen: Ball- und Verfolgungsspiele aktivieren ihren Jagdtrieb, Angelspiele fordern und fördern das Reaktionsvermögen, versteckte Minzsäckchen trainieren den Geruchssinn, Suchspiele in dunklen Ecken und hinter dem Schrank lösen den ererbten Höhlenforscherdrang (wissenschaftlich: Spaltenappetenz) aus, und bei Hörspielen mit Knisterfolie oder Raschelsack ist jeder Stubentiger ganz Ohr.

einem bösen Gesichtsausdruck und einer tadelnden Geste, zum Beispiel dem ausgestreckten Arm und der offenen, senkrecht gehaltenen Handfläche. Auch bei einem Nasenstüber verstehen Katzen durchaus was gemeint ist. Das scharfe Anpusten des Gesichts ist eine drastische Maßnahme, die in Katzenkreisen üblich ist. Auf sie sollte man aber nur im Extremfall zurückgreifen.

Der Katzenspielzeug-Check

➤ Spielzeug für Katzen besteht aus Holz, Hartplastik, Gummi oder Textilien. Alle Materialien müssen »bissfest« sein und Katzenzähnen standhalten. Das gilt speziell für Gummiquietschtiere, die einen Tonkörper aus Metall enthalten. Junge Katzen beknabbern ihr Spielzeug besonders intensiv.
➤ Holzobjekte dürfen nicht splittern, die Ecken sollten abgerundet sein. Beschichtungen und Folien dürfen sich nicht ablösen, Lacke, Farben und Imprägnierungen müssen giftfrei sein. Verlangen Sie beim Kauf einen Nachweis, falls die Produktbeschreibung keine sicheren Informationen liefert.
➤ Auch Spielzeug aus Fell, Leder, Federn oder Plastik darf keine für die Katze gesundheitsschädlichen Stoffe enthalten. Leider führen nicht alle Hersteller die verwendeten Materialien auf der Spielverpackung auf.
➤ Neugierige Katzen stecken den Kopf gern in Plastiktüten: Erstickungsgefahr! Bitte nie offen liegen lassen.
➤ Spitze Gegenstände wie Scheren, Nadeln, Messer, Heftklammern oder Reißzwecke müssen im Katzenhaushalt nach Gebrauch weggeräumt werden, damit Mieze nicht in Versuchung kommt. Das gilt auch für kleine Objekte wie Knöpfe, Murmeln, Knopfzellen und ganz besonders für Tabletten.
➤ Bälle müssen mindestens die Größe eines Tischtennisballs haben, damit sie nicht verschluckt werden können. Auch

Kügelchen aus Alufolie dürfen nicht zu klein sein. Wollknäuel sind grundsätzlich tabu, weil sich die Krallen darin verheddern und die Katze sich kaum wieder befreien kann.

➤ Alle Katzen knabbern mit Begeisterung an Pappschachteln und Kartons. Genehmigen Sie Ihrer Katze nur unbedruckte und aufkleberfreie Pappe. Zeitungspapier ist unbedenklich.

Die Jagdlust macht Katzen Beine

Die meisten Bewegungs- und Reaktionsspiele basieren auf dem Jagdtrieb der Katze, der von optischen und akustischen Sinneseindrücken ausgelöst wird:

➤ Ins Blickfeld der Katze gerät ein relativ kleines Tier, das sich in der Regel am Boden fortbewegt. Hauskatzen erbeuten Nager, Insekten und andere Tiere, die fast alle deutlich kleiner sind als sie selbst.

➤ Die Beute läuft – typisch für Mäuse und ihre Nagerverwandtschaft – im Zickzackkurs von der Jägerin weg. Der Jagdtrieb wird auch von Vögeln ausgelöst, die in Sichtweite der Katze in einer Baumkrone herumflattern, auf der Erde oder einem Hausdach landen.

➤ Dank ihres exzellenten Gehörs ist die Katze in der Lage, nicht nur die Laufgeräusche der Nager zu orten, sondern auch die leisen Fieptöne, mit denen sie Kontakt zu ihren Artgenossen halten. Fiepende und raschelnde Töne sind Schlüsselreize, auf die Katzen selbst im Halbschlaf reagieren.

Probleme mit Ratten. Läuft ein Beutetier nicht weg, sondern versucht sich zu verteidigen und attackiert die Jägerin seinerseits, gerät ihr Angriff meist ins Stocken, oder sie bricht die Jagd sogar ab. Das passiert relativ häufig bei der Konfrontation mit Ratten. Nicht wenige Katzen machen um die wehrhaften Nager einen großen Bogen, besonders dann, wenn sie schon einmal von einer Ratte gebissen wurden.

Muss es eine Spielmaus mit Echtfell sein?

Spielmäuse mit »Originalfell« und Objekte aus Naturleder werden im Handel als besonders attraktiv und spielfördernd angepriesen, weil die Spielsachen realen Beutetieren ähneln und auch so riechen. Für die Katze haben jedoch Aussehen und Geruch bei der Jagd – und um die geht es ja auch im Spiel – keine bzw. nur eine nachgeordnete Bedeutung. Ein Ball, der von ihr wegrollt, möglichst irgendwo aneckt und den Kurs ändert und eventuell Klickergeräusche von sich gibt, ist für die Katze genauso reizvoll wie eine echte Maus. So mancher Katzenhalter hat die Erfahrung gemacht, dass sein Wohnungstiger am liebsten hinter einem sich schlängelnden »Fadenwurm« oder dem klassischen Zeitungspapierknäuel herjagt und andere Spielobjekte links liegen lässt. Fell- oder Ledergeruch und der Werkstoff, aus dem das »Beutetier« besteht, spielen nur beim direkten Kontakt eine Rolle, also dann, wenn die Katze in die Beute beißt oder sie im Maul herumträgt.

IMMER JAGDBEREIT

Die Outdoor-Katze geht täglich auf die Pirsch. Ob mit vollem oder leerem Bauch: Ihr Jagdtrieb ist nicht vom Hungergefühl abhängig. Übrigens: Auch wenn Ihr Minitiger erfolgreich Mäuse jagt, dürfen Sie seine Futterrationen nicht kürzen. Die Nager sind nicht mehr als ein Snack zwischendurch.

Vorsicht Chemie! Bei der Verarbeitung von Echtfell und Naturleder für Tierspielzeug werden zum Teil Chemikalien, z. B. Konservierungsstoffe, Bleichmittel und andere eingesetzt. Lesen Sie vor dem Spielzeugkauf die Produktbeschreibung aufmerksam durch, oder bitten Sie den Verkäufer um detaillierte Auskünfte über Herkunft und Bestandteile des Spielzeugs.

Spielen in jedem Alter

Katzen spielen ein Leben lang. Schon am Spielverhalten der Kätzchen in der Wurfkiste kann man ablesen, was sie auch im Erwachsenenalter am liebsten spielen. Mehr noch: Die spielerischen Balgereien der Wurfgeschwister offenbaren, wer sich zu einer dominanten, durchsetzungsfähigen Katze mausern wird und wer später eher zu den Stillen und Zurückhaltenden gehört.

Youngster nicht überfordern!

Sie sind kaum einen Monat auf der Welt, versuchen sich aber schon in den katzentypischen Bewegungsabläufen und Verhaltensmustern: Anschleichen und Attackieren, den Nackenbiss setzen, sich in Rückenlage mit strampelnden

Beinen gegen einen Angreifer wehren und nicht zuletzt mit gesträubtem Fell und dem Katzenbuckel alle in Angst und Schrecken versetzen. Beim Imponiergehabe ist allerdings noch Handlungsbedarf, die Konkurrenz lässt sich jedenfalls kaum davon beeindrucken. Solange die Welt außerhalb der Wurfkiste noch unerreichbar ist, rekrutieren sich die Kampf- und Spielgefährten aus dem Lager der Wurfgeschwister. Im Eifer des Gefechts muss manchmal auch Mama für Überfälle und Bisstests herhalten, was aber nicht immer ohne Zurechtweisung abgeht. Mit zunehmendem Alter werden die Spiele ungestümer, die Klettertouren und Luftkämpfe akrobatischer und verwegener. Spielen kostet Kraft: Eben noch Highlife und Attacke, und jetzt liegt die ganze Rasselbande friedlich schlummernd auf der Schmusedecke.

➤ Wenn ein Kätzchen mit 12 bis 14 Wochen bei Ihnen einzieht, ist es körperlich noch in der Entwicklung und sollte keinen allzu großen Belastungen ausgesetzt werden. Kleine Katzen verfügen noch nicht über viel Ausdauer. Begrenzen Sie die Übungszeiten daher auf ca. zehn Minuten.

➤ Die Knochen der jungen Katze sind weitaus weniger stabil als die einer erwachsenen. Intensives Sprungtraining bleibt den älteren Katzen vorbehalten.

➤ Die spielerische Erziehung des Katzenkindes stellt die Weichen für ein harmonisches Zusammenleben mit der erwachsenen Katze. Nicht nur Stubenreinheit steht vom ersten Tag an auf dem Programm, auch sanftes Spielen ohne Einsatz von Zähnen und Krallen lässt sich in diesem Alter relativ leicht erfolgreich trainieren.

➤ Kätzchen setzen in fast jeder Situation und auch beim Spielen ihre spitzen Zähnchen ein. Viele Spielsachen widerstehen diesen Bissattacken nur begrenzte Zeit und müssen dann ersetzt werden.

Im besten Spielalter

Ausgewachsen sind Katzen nach frühestens einem Jahr. Die Spätentwickler unter den Rassekatzen, etwa Maine Coon und Norwegische Waldkatze, lassen sich allerdings bis zu zwei Jahre Zeit. Die gesunde und normalgewichtige erwachsene Katze steht im Zenith ihrer Leistungsfähigkeit und

WIE CLEVER IST MEINE KATZE?

Hat Ihre Katze Köpfchen, und behält sie auch in einer unbekannten Situation den Durchblick? Meistert sie diese drei Clever-Tests? Dann ist sie das wahre Superhirn!

- Clever-Test 1: Deponieren Sie ein paar Leckerlis in einem Glaszylinder, auf den Sie einen leichten Pappdeckel legen. Tastet Ihre Katze immer wieder mit der Pfote am Zylinder oder begreift sie sehr schnell, dass sie den Pappdeckel herunterwerfen muss?
- Clever-Test 2: Mieze schaut zu, wie Sie Futterhäppchen in eine offene Schachtel mit markantem Streifenmuster legen. Stellen Sie zwei weitere, aber einfarbige Schachteln daneben. Sucht Ihre Katze zufällig in allen nach der Belohnung, oder steuert sie die Streifenbox gezielt an?

➤ Profi-Version: Tauschen Sie den Platz der Streifenbox mit dem einer einfarbigen Schachtel.

- Clever-Test 3: Rollen Sie den Lieblingsball Ihrer Katze unter einer breiten, für sie unüberwindlichen Absperrung hindurch. Da sie ihm nicht direkt folgen kann, muss sie ums Hindernis herumlaufen. Wie lange dauert es, bis sie begreift, dass der Umweg zum Ziel führt?

➤ Profi-Version: Ein Hindernis in Form eines umgedrehten U zwingt die Katze, zuerst in die Gegenrichtung zu laufen.

Fitness. Für sie gibt es bei Sport und Spiel keine Limits. Im Gegensatz zu vielen anderen Tierarten bleibt ihr die Lust am Spiel auch im Erwachsenenalter erhalten. Die Spielstunde mit dem Halter ist für jede Katze das Highlight des Tages und zugleich ein Gradmesser für ihr Vertrauen zum Menschen. Und obwohl Outdoor-Katzen im Freien genügend Beschäftigungsmöglichkeiten haben, ist die Spielstunde für sie ebenso wichtig wie für reine Stubentiger.

Auch Oldies wollen spielen

Erste Alterssymptome, zum Beispiel ein erhöhtes Ruhe- und Wärmebedürfnis, stellen sich bei der Katze meist mit neun oder zehn Jahren ein. Oft aber registriert der Halter lange Zeit nicht, dass seine Hausfreundin in die Jahre gekommen ist. Nicht wenige Oldies bekommen regelmäßig ihre »tollen fünf Minuten«. Dann jagen sie durch die Wohnung und klettern und springen wie junge Hüpfer, auch wenn die alten Knochen eigentlich nicht mehr so richtig mitmachen wollen.

➤ Nehmen Sie beim Spielen mit älteren Semestern Rücksicht auf ihre nachlassenden Reaktionen und das mit zunehmendem Alter schwächer werdende Seh- und Hörvermögen.

➤ Sportspiele bringen Senioren schnell an die Leistungsgrenzen. Verkürzen Sie die Spielsessions, und gönnen Sie Ihren vierbeinigen Mitspielern ausgiebige Erholungszeiten.

➤ Tüftel- und Kombinationsspiele sind perfekt für ältere Semester. Hier beweisen sie, dass sie sich und ihr Köpfchen nicht vor der jüngeren Konkurrenz verstecken müssen.

Schwäche macht angreifbar. Katzen verbergen Leistungsverlust ebenso wie Krankheiten möglichst lange. Darin gleichen sie ihrer wild lebenden Verwandtschaft, für die Schwäche zeigen ein hohes Risiko darstellt, das sehr schnell Feinde und Konkurrenten auf den Plan ruft.

Spielen mit gehandicapten Katzen

Viele Katzen, deren Leistungsvermögen wegen einer körperlichen Behinderung, chronischen Erkrankung oder gerade überstandenen Operation eingeschränkt ist, lassen sich trotzdem gern zum Spielen animieren bzw. spielen aus eigenem Antrieb. Spiele, die vollen Körpereinsatz und Ausdauer verlangen, sind von vornherein tabu, und natürlich läuft alles etwas gedämpfter als mit gesunden Katzen.

➤ **Mit halbem Dampf in der Reha.** In der Rekonvaleszenz nach Krankheit oder OP helfen leichte Reaktions- und Bewegungsspiele mit, der lange Zeit unterforderten Muskulatur wieder Spannung zu verleihen und die Knochen beweglicher zu machen. Darüber hinaus gewinnt die Katze im gemeinsamen Spiel mit ihrem Menschen das Vertrauen in ihren Körper und seine Fähigkeiten zurück.

➤ **Spaß am Spiel trotz Behinderung.** Katzen, die ein Bein verloren haben, lernen meist erstaunlich schnell, sich auf drei Beinen fast so geschickt fortzubewegen wie ihre nicht behinderten Artgenossen. Und haben selbst beim Springen kaum Probleme. Tiere, denen ein Hinterbein fehlt, schaffen es

SPIELERISCH ERZIEHEN

Im Spiel klappt auch die Erziehung der Katze leichter. Das kann man Katzen von klein auf beibringen:

- Auf ihren Rufnamen hören
- Mit dem Menschen ohne Einsatz von Zähnen und Krallen spielen
- Nur aus dem Napf essen und nicht bei Tisch betteln
- Tabuzonen wie Küche und Schlafzimmer respektieren
- Nach Freigang pünktlich heimkommen
- Krallen an Kratzbaum oder Kratzbrett schärfen und nicht an Sofa und Teppich
- An der Leine laufen (akzeptiert nicht jede Katze)

trotz des Handicaps recht gut, an Baum oder Leiter hochzuklettern. Auch die Spiellust ist ungebrochen. Zu Aktivitäten, die Knochen und Sehnen stark belasten, sollte man sie jedoch nicht animieren. Ganz oben auf der Spieleliste stehen Tüftel- und Kombinationsspiele, aber auch Trickübungen, die mehr Köpfchen als Körper verlangen.

➤ **Fitnesstraining für Dickerchen.** Die Katze ist eine genügsame, zum Teil auch heikle Kostgängerin. Übergewicht tritt bei ihr seltener auf als etwa beim Hund. Ein bisschen Fett auf den Rippen schadet nicht, vor allem in der kalten Jahreszeit legt manche Katze ein paar Gramm zu. Auffällig dicke Vertreter der Zunft findet man in erster Linie unter reinen Wohnungstigern, deren Futternapf zu oft nachgefüllt wird und die zu wenig Beschäftigung und Bewegung haben. Begleitend zu einer Reduktionsdiät sollte den Pummelchen regelmäßige Bewegung verordnet werden. Das funktioniert am besten im Spiel, verlangt aber vom Halter Geduld und Konsequenz, bis sein müder Krieger wieder in die Gänge kommt. Für Volldampfspiele reicht die Puste nicht, aber für Federangel, Seifenblasenspiel oder die Objektsuche (keine Leckerlis!) in der mit Papierschnitzeln gefüllten Buddelkiste lässt sich auch ein fülliger Couch Potato begeistern.

➤ **Pause für werdende Mütter.** Katzenkinder kommen nach 63 bis 65 Tagen zur Welt. Im ersten Monat der Trächtigkeit sieht man der künftigen Mama äußerlich meist kaum etwas an, erst dann beginnt sich ihr Bäuchlein zu runden. Sie wird ruhiger, häuslicher und anhänglicher. Auf große Sprünge, Klettertouren und die regelmäßige Pirsch durchs Revier verzichtet sie immer öfter. Sportspiele, die Körper und Kreislauf belasten, sind jetzt tabu, die gemeinsamen Schmusezeiten kann man aber gut mit kleinen Such- und Geschicklichkeitsspielen kombinieren.

Solo-Spiele

Katzen brauchen reizvolle Beschäftigungsangebote. Fehlen sie, stellt sich bald Langeweile ein, die in mancher Mieze den kleinen Zerstörungsteufel weckt. Das gilt speziell für Wohnungskatzen, die ab und zu allein bleiben müssen. Die vom Krallenwetzen zerfledderte Couch, durch Kletterpartien außer Form geratene Vorhänge oder Buddelaktionen in Blumentöpfen stoßen selbst bei nachsichtigen Katzenfreunden auf wenig Gegenliebe. Diese Spiele für Solisten schonen die Einrichtung:

- »Schweizer-Käse-Karton«: großer Papp- oder Umzugskarton (aus nicht eingefärbter Pappe) mit Einstiegsöffnung und mehreren Löchern für den Ausblick. Dient als Zweitwohnsitz und lässt sich herrlich beknabbern.
- Play 'n Scratch: Kugel in Laufrinne animiert zur Pfotenarbeit, lässt sich aber nicht herausfischen (→ »Fummeln und schubsen«, Karte 20).
- Bungee-Angel: an einem Gummizug hängende Angel mit Feder, Spielmaus, Ball oder Fisch (→ »Fischfang«, Karte 12).
- Igel-, Soft- und Rugbybälle: Dauerbrenner für Solisten. Besonders beliebt: Bälle mit raschelndem oder rasselndem Innenleben. Sisalbälle unterstützen die Krallenpflege.
- Duftspielzeug: Minzekissen oder Catnip-Maus. Allerdings fährt nicht jede Katze auf diese Düfte ab.
- Fummelbrett: Langzeit-Tüftelspaß (→ Karten 20 und 21).

Spielen mit Artgenossen

Katzen spielen nur mit Artgenossen, die sie gut kennen, mit denen sie befreundet sind oder die mit ihnen unter einem Dach wohnen. Aber selbst dann läuft es nicht immer friedlich ab. Auslöser für Unstimmigkeiten oder Zoff ist meist die Eifersucht. Spielt der Halter mit, möchte jede Katze von ihm bevorzugt behandelt werden und will sich nicht zurückgesetzt fühlen. Brechen Sie die Aktion beim ersten Anzeichen einer aufkommenden Missstimmung ab und warten Sie, bis sich die Gemüter beruhigt haben. Zum Einsatz sollten nur »neutrale« Spielobjekte kommen, die keine der Mitspielerinnen als ihr Lieblingsspielzeug betrachtet. Ansonsten werden unmissverständlich Besitzansprüche angemeldet.

Ist das Spiel oder Ernst?

In wilden Kampfspielen messen vor allem Jungkatzen ihr Reaktionsvermögen und ihre Fitness. Unerfahrene Katzenhalter, die ihnen dabei zuschauen, fürchten oft um die Gesundheit der Kämpfer. Aber selbst wenn es ruppig zugeht, bleibt doch alles Spiel. Das zeigt sich an diesen Verhaltensweisen:

- Im Spiel setzt die Katze Sequenzen des Jagdverhaltens und Beutefangs ein. Anders als bei einer echten Jagd übersteigert sie hier einzelne Handlungselemente und macht so deutlich, dass alles nur gespielt ist.

KEINE LUST MEHR?

Seit drei Tagen spielt die Katze nicht mehr und ist auch sonst kaum noch aktiv. Auffälliges Desinteresse an der Umgebung ist häufig ein erstes Krankheitssymptom. Bewegungsunlust deutet darüber hinaus oft darauf hin, dass die Katze Schmerzen hat. Hält der Zustand an, muss sie dem Tierarzt vorgestellt werden.

➤ Katzen töten Beutetiere mit einem Nackenbiss. Diese Bisstechnik testen bereits die Kätzchen in ihren spielerischen Auseinandersetzungen. Eine angeborene Beißhemmung sorgt dafür, dass der attackierte Artgenosse keinen Schaden nimmt. Wenn es im Spielfieber der Youngster ab und zu doch einmal passiert, dass sich die nadelspitzen Zähne zu tief ins Fell graben, meldet der malträtierte Spielpartner sofort lautstark Protest an. Später muss die erwachsene Katze beim echten Beutemachen lernen, die ererbte Beißhemmung zu überwinden, was manchen Miezen mangels ausreichender Jagdgelegenheit nie so richtig gelingt.

➤ Miteinander balgende Katzenkinder knurren, fiepen und jaulen zum Herzerweichen. Auch das ist ein unverkennbares Kennzeichen des Spielcharakters der Kinderkämpfe. Ernsthafte Auseinandersetzungen gehen hingegen fast immer lautlos über die Bühne.

Scheuchen Sie Ihren Couch Potato vom Sofa

Jede Katze ist eine eigenständige Persönlichkeit mit individuellen Vorlieben und Ansprüchen. Für manche besteht das Himmelreich aus einem Sessel mit Schmusedecke, wo sie möglichst ungestört bleibt und den Tag verdösen darf. Aber auch bekennenden Phlegmatikern kann man einen leicht erhöhten Puls und etwas Bewegung verordnen.

➤ Spielen muss etwas Besonderes sein. Spielsachen sind für Katzen dann unwiderstehlich, wenn sie nicht rund um die Uhr verfügbar sind. Deponieren Sie das Lieblingsspielobjekt Ihres Couch Potatos in der Spielkiste, und holen Sie es nur für die Spielsession heraus. Der Sofatiger lernt schnell, dass er nur begrenzte Zeit damit spielen darf.

➤ Überlassen Sie ihm nur ein Spielzeug. Bei mehreren ist die Qual der Wahl groß und die Hälfte schon bald uninteressant.

➤ Auch für Bewegungsmuffel gibt es die »offizielle« tägliche Spielstunde mit dem Besitzer. Den Termin verinnerlicht Ihre Katze schon bald. Und ihre Bereitschaft zum Mitmachen ist ab sofort zu dieser Tageszeit deutlich größer.

➤ Ein bisschen Eifersucht schadet nicht: Spielt ein befreundeter Artgenosse mit, lässt sich der kleine Phlegmatiker nur selten bitten. Es geht schließlich auch im gemeinsamen Spiel um die Zuwendung des Menschen, und da will keine Katze an zweiter Stelle stehen. Leichte Eifersüchteleien sind okay, artet Eifersucht in Zoff aus, wird das Spiel abgebrochen.

➤ Gutes Spielzeug spricht möglichst viele Sinne an. Das gilt generell für alle Katzen, besonders aber für Spielmuffel. Wer kann schon einem verführerisch duftenden Catnip-Kissen, der quietschenden Maus, dem Quakfrosch oder einer geheimnisvoll raschelnden Raupe (→ Karte 3) widerstehen?

Selbst gebastelte Spiele, die Ihre Katze lieben wird

In punkto Spielen sind Katzen weniger anspruchsvoll als etwa bei Futter, Zuwendung und katzengerechtem Wohnumfeld. Ein Spielobjekt, das sich schubsen oder hochwerfen lässt, das raschelt oder klackert, vielleicht verführerisch nach Katzenminze duftet und zum Anbeißen animiert – Katzenherz, was willst du mehr!?

Mit ein bisschen Phantasie und einfachen Materialien, die es in jedem Haushalt gibt, lassen sich wunderbare Spielsachen selbst basteln. Und man muss kein Bastelgenie sein, um zu einem akzeptablen Ergebnis zu kommen. Perfektes Design und edle Werkstoffe sind der Katze sowieso völlig schnuppe.

Geeignete Materialien: Zeitungs- und Raschelpapier, ungefärbte Wellpappe und Kartons, Schnur, Bast-, Sisal- und Wollfäden, Klebstoff, doppelseitiges Klebeband, Hülsen von Küchen- und Toilettenpapierrollen, alte Kleidungsstücke (zum Beispiel Strumpfhosen, Socken, Stoffstreifen), kleine Plastikflaschen, Holzbretter und -leisten, Umzugskartons, Naturkorken, Pinienzapfen, leere Eierschachteln, Federn, Duftstoffe (Katzenminze, Baldrian, Lavendel, Basilikum).

➤ Auf diesen Übungskarten finden Sie Bastelanleitungen: 1, 2, 3, 7, 9, 11, 13, 15, 16, 19, 20, 21, 22, 23, 24, 27, 28, 29, 31.

So wird Ihre Wohnung katzensicher

Diese Gefahrenquellen sollten Sie ausschalten, wenn eine Katze in Ihre Wohnung einzieht:

➤ Aufenthalt in der Küche nur unter Aufsicht

➤ Kippfenster mit Schutzgittern sichern

➤ Kein offenes Feuer (Kamin, Kerzen), solange die Katze im Zimmer ist

➤ Chemische Substanzen (Putzmittel, Farben, Reiniger), Medikamente und spitze Gegenstände (Messer, Nadeln, Scheren) unter Verschluss aufbewahren

➤ Für Katzen giftige Zimmerpflanzen entfernen

➤ Bei Jungkatzen in der Wohnung: Treppen, Podeste und Emporen mit Gittern gegen Abstürze sichern

Kinder und Katzen

Wer das Glück hatte, seine Kindheit mit einer Katze als Spielgefährtin zu verbringen, wird diese Zeit nie vergessen. Kinder und Katzen gehören zusammen. Erklären Sie Ihrem Nachwuchs von Anfang an, mit welchen Verhaltensweisen und Warnsignalen eine Katze ihre Stimmungen ausdrückt und was für Kinder im Umgang mit Katzen tabu ist.

➤ Ein zuckender Schwanz ist das Signal, dass die Katze mit der Situation nicht einverstanden ist. Schlägt ihr Schwanz wild hin und her, ist sie so wütend, dass eine Attacke mit Zähnen und Krallen unmittelbar bevorsteht. Gleichzeitig hebt sie meist warnend die Pfote. Spätestens jetzt sollte der menschliche Mitspieler auf Distanz gehen.

➤ Alarmzeichen für Missmut und Ärger sind Fauchen, Grollen und ein tiefes Knurren. Der Gesichtsausdruck mit einem »umwölkten« Blick (bei der selbstbewusst drohenden Katze sind die Pupillen verengt) und die aufgestellten, nach hinten gedrehten Ohrmuscheln verstärken die Lautsprache.

➤ Eine Katze, die auf dem Arm gehalten wird, drückt sich mit dem Vorderbein vom Körper des Menschen ab, wenn sie den Kontakt beenden will. Hochheben der Katze ist für jüngere Kinder grundsätzlich tabu, weil sich Katze und Kind verletzen können, wenn sich die Katze strampelnd zu befreien versucht und fallen gelassen wird.

➤ Die Katze während Siesta und beim Fressen nicht stören

➤ Katzen sind kein Spielzeug: niemals an Schwanz, Beinen oder Ohren ziehen oder der Katze ins Gesicht greifen

➤ Nicht gegen den Fellstrich streicheln

➤ Nicht schreien, keine hektischen Bewegungen machen

➤ Nie versuchen, der Katze Babykleidung anzuziehen

➤ Körpernahe Spiele und Balgereien sind tabu

➤ Mit dem Gesicht außerhalb der Reichweite von Pfoten und Krallen bleiben

➤ Katze nicht vom eigenen Teller fressen lassen und nichts aus ihrem Napf essen

➤ Nicht von ihr ablecken lassen, speziell im Gesicht

➤ Nach jedem Spiel mit der Katze Hände waschen

KATZEN CLICKER-BOX

Der Clicker erzeugt ein unverwechselbares Klackgeräusch, das erfolgreich bei Spielübungen und in der Erziehung der Katze eingesetzt wird. Die »GU Katzen Clicker-Box« von Birgit Rödder bietet eine Vielzahl praxisgerechter Übungsanleitungen und enthält zusätzlich einen Clicker.

Das sollten Sie wissen

Auf 36 Übungskarten finden Sie viele originelle Spielideen, die Ihre Katze begeistern werden. Die Spiele sind in vier Kategorien gegliedert und farbig markiert: Blau steht für Volldampf- und Ballspiele, Grün für Geschicklichkeits- und Suchspiele, Gelb für Denk- und Kombinationsspiele, Rot für Tricks und Akrobatik. Die folgenden Seiten liefern Ihnen weitere Informationen zu den einzelnen Spielen.

1 | Auf Angeltour

Typisch Katze: Es gibt kaum ein Spiel, das den Jagdtrieb der Katze schneller auslöst als die Angel. Die Jägerin fixiert die zuckende »Beute« und weiß genau, an welchem Punkt sie das Angelobjekt mit der Pfote erwischen kann.
Mitspieler erlaubt? Angeln begeistert Katzen besonders dann, wenn der Mensch mitspielt. Es geht auch mit befreundeten Artgenossen oder solo (→ »Fischfang«, Karte 12).
Risiken vermeiden: Für Kinder sind Angelspiele zu gefährlich, da die Katze das Objekt mit den Krallen attackiert.

2 | Bommelfieber

Typisch Katze: Bommeln sind wie für die Katze gemacht: Sie lassen sich kicken, jagen, fangen, in die Luft werfen oder wie eine Beute herumschleppen.
Risiken vermeiden: Bommeln sind okay, Wollknäuel nicht. Im Wollknäuel verheddern sich die Krallen der Katze.

3 | Raschelraupe

Typisch Katze: Die sich schlängelnde Raupe macht sogar Couch Potatos munter, vor allem, wenn die Körpersegmente der Raupe rascheln und verführerisch duften.
Mitspieler erlaubt? Je länger die selbst gebastelte Raupe ist, desto mehr Katzen können gleichzeitig mit ihr »kämpfen«. Ideal für eine Rasselbande von Wurfgeschwistern.

4 | Agility

Typisch Katze: Katzen sind Individualisten, auch beim Sport. Bei Agility kann man den Hindernisparcours ganz nach den Vorlieben und Fähigkeiten seiner Katze anlegen.
Tipp: Trainieren Sie mit Ihrer Katze zuerst an einzelnen Hindernissen, bevor Sie den Gesamtparcours aufbauen.

5 | Squash

Typisch Katze: Squash ist Hochleistungssport. Für Anfänger ist ein Softball genau richtig, schnelle Tischtennis- und Gummibälle bleiben den Profis vorbehalten.
Mitspieler erlaubt? Squash ist ein Spiel für Solisten. Mit zwei Katzen nur dann spielen, wenn sie eng befreundet sind.

6 | Die wilde Jagd

Typisch Katze: Die normale Gangart der Katze ist ein zielgerichtetes Schlendern. Beim Nachwuchs ist Volldampf die Regel. Aber auch erwachsene Katzen brauchen nur einen Schubs, um das Kind in sich zu entdecken. Und Senioren galoppieren oft wie von der Tarantel gestochen durchs Haus.
Risiken vermeiden: Die Jugend gerät häufig außer Rand und Band. Sichern Sie Treppen und Podeste mit mobilen Gittern, damit die Sportstunde nicht beim Tierarzt endet.

7 | Seifenblasen fangen

Typisch Katze: Seifenblasen üben eine starke Faszination auf die Katze aus. Und offensichtlich weiß Mieze auch um die Fragilität der schwebenden Gebilde, denn anders als sonst beim Objektfang setzt sie die Pfote nur vorsichtig ein.
Mitspieler erlaubt? Mit Seifenblasen können Sie mehrere Katzen gleichzeitig in Staunen versetzen.

8 | Lichtpunktjagd

Typisch Katze: Der Lichtpunkt bewegt sich schneller und unregelmäßiger als jedes andere Jagdobjekt. Kein Wunder, dass Katzen voll darauf abfahren.
Risiken vermeiden: Speziell bei jungen Katzen sollten Sie den Lichtpunkt im gemäßigtem Tempo wandern lassen und die Youngster nicht zu allzu großen Sprüngen verleiten.

9 | Mäusezirkus

Typisch Katze: Mit einem Spielmäuschen lässt sich fast alles machen, wovon eine Katze träumt. Und wenn das kleine Nagetier piepst, verführerisch nach Katzenminze duftet und dank Mikrochip im Zickzackkurs durchs Zimmer wuselt, kann Ihr Wohnungstiger gern aufs Original verzichten.

10 | Fußball spielen

Typisch Katze: Beim Fußball ist der Ball die Beute, die mit gezielten Pfotenhieben traktiert und vorangetrieben wird. Der wegrollende Ball löst die Attacken immer wieder aufs Neue aus, nicht anders als eine flüchtende Maus.
Risiken vermeiden: Beim Beutemachen fährt die Katze ihre Krallen aus. Das passiert häufig auch beim Fußballspiel. Wenn Kinder mitspielen, sollten sie nicht versuchen, der Katze den Ball wegzunehmen, während sie nach ihm schlägt.

11 | Verstecken

Typisch Katze: Katzen werden von Höhlen und Spalten magisch angezogen und stecken ihr Näschen in jede dunkle Ecke. Oft ziehen sie sich in ein Versteck zurück, um von hier aus die Umgebung zu beobachten, ohne gesehen zu werden. Versteckspiele stoßen immer auf große Begeisterung, weil die Katze dabei ihre angeborenen Vorlieben ausleben kann.

12 | Fischfang

Typisch Katze: Die Beute fixieren, blitzschnell reagieren und mit Pfoten und Krallen zuschlagen: genau das Ding der Katze! Bei Angelspielen wie dem »Fischfang« kann sie ihr Reaktionsvermögen und ihre Geschicklichkeit testen.
Mitspieler erlaubt? Befreundete Wohnungstiger dürfen ein Angelobjekt gemeinsam traktieren.

13 | Seerosen-Spiel

Typisch Katze: Um an leckere Objekte heranzukommen, die mitten in einer Wasserschüssel schwimmen, nimmt die Katze zur Not auch nasse Pfoten in Kauf. Doch dank ihres Geschicks und der Angeltechnik, die sie beim Fischfang unter Beweis stellt (→ Karte 12), klappt es meist ohne allzu engem Kontakt mit dem feuchten Element.

14 | Leckerlis in der Raschelkiste

Typisch Katze: Katzen sind neugierig und die geborenen »Wühlmäuse«. Mit einer geheimnisvoll raschelnden Kiste voller Laub oder Zeitungsschnitzeln, in der sich kleine Überraschungen verstecken, sorgen Sie bei Ihrer Katze für das Highlight des Tages.

Mitspieler erlaubt? In der Füllung einer größeren Buddelkiste dürfen zwei oder drei Miezen gleichzeitig wühlen.

15 | Fischen im Mini-Teich

Typisch Katze: Sowohl im Haus wie im Garten kann cin kleiner Teich das Leben Ihrer Katze aufregender gestalten, besonders wenn in der Wasserlandschaft Leckerbissen und Spielobjekte auf die versierte Anglerin warten.

Tipp: Stillt die Katze ihren Durst überwiegend mit dem Wasser des Spielteichs, sollte es täglich gewechselt werden.

16 | Überraschungsbox

Typisch Katze: Ein Karton mit Innenleben, das sich nur mit großem Geschick und viel Pfotenarbeit ergründen lässt, wird für die Katze zum »Dauerstudienobjekt«, das sie so lange bearbeitet, bis die Box auch ihr letztes Geheimnis preisgibt. Ausdauer und Beharrlichkeit sind wichtige Charakterzüge der Katze, was sie auf der Jagd täglich unter Beweis stellt.

Was Katzen alles können

Katzen sind die großen Individualisten. Die einen sind schmusesüchtig, andere scheuen zu viel Körperkontakt, die einen plappern pausenlos, andere bringen den Mund nicht auf, und zum Menu im Fressnapf hat jeder Wohnungstiger sowieso seine eigene Meinung. Beim Spielen sieht es nicht anders aus: Die meisten Katzen sind spielsüchtig, es gibt aber auch erklärte Spielmuffel, die den Tag lieber auf dem Sofa verbringen oder allein durchs Revier streifen. Bei den einen braucht es kaum Überredungskunst, um sie zum Spielen zu animieren, für die anderen müssen es schon besonders reizvolle Angebote sein, um sie vom Sofa wegzulocken.

Supersinne und ein Body nach Maß

Bei einem Auto mit Premiumausstattung ist alles an Bord, was das Fahren erleichtert. Die Premiumausstattung der Katze macht sie zum perfekten Raubtier mit einem perfekten Körper und unbestechlichen Sinnen. Was ihr bei ihren »ernsthaften« Aktivitäten wie Beutemachen und Feindabwehr zum Erfolg verhilft, lässt sie auch im Spiel fast jede Herausforderung mühelos meistern.

➤ **Blitzstart und Hakenschlagen.** Die Katze besitzt einen muskulösen und sehr beweglichen Körper. Kraftvoller Schub aus der Hinterhand ermöglicht schnelles Beschleunigen und weite und hohe Sprünge selbst aus dem Stand. Beim Sprung dient der Schwanz als Steuerhilfe und garantiert die punktgenaue Landung. Durch Hakenschlagen im vollen Lauf entkommt die Katze fast immer auch schnelleren Verfolgern.

➤ **Totale Körperkontrolle.** Katzen bewegen sich in fast jeder Lebenslage sicher und beherrscht, ob beim Balancieren auf schmaler Brüstung oder beim Klettern im Baum.

➤ **Abwehrbereitschaft.** Katzen können blitzschnell reagieren und sich mit Pfotenhieben und Krallen wehren.

➤ **Durchblick im Restlicht.** Katzen sind Dämmerungstiere. Dank ihres hoch entwickelten Sehvermögens können sie sich selbst im letzten Licht der Dämmerung noch orientieren. Die Augen nehmen vor allem Bewegungen wahr, unbewegte Objekte werden häufig übersehen.

➤ **Hören im Halbschlaf.** Die Ohrmuscheln der Katze sind unabhängig voneinander drehbar und orten Schallquellen punktgenau. Auf Schlüsselreize wie das Rascheln und Fiepen eines Nagers reagieren Katzen sogar im Halbschlaf.

➤ **Duftmarken.** Düfte spielen im Leben der Katze eine große Rolle. Mit Harn- und Kotmarkierungen hinterlässt sie im Revier Geruchsbotschaften für ihre Artgenossen. Im Heimbereich, dem Revier 1. Ordnung, werden Objekte, vertraute Menschen und Tiere ebenfalls mit Eigenduft gekennzeichnet. Bei Begegnungen mit anderen Katzen liefern die individuellen Gerüche wichtige Informationen, und bei Werbung und Paarung bestimmen Sexuallockstoffe die Stimmung und das Verhalten von Kätzin und Kater.

➤ **Lernen durch Nachahmen.** Katzen sind hervorragende Beobachter. Durch Beobachten und Nachahmen der Mutter lernen die Kätzchen schon in der Wurfkiste wichtige Verhaltensweisen und Bewegungsmuster. Ihre gute Beobachtungsgabe machen sich erwachsene Katzen zunutze, wenn ihnen Nachahmen Vorteile verspricht, etwa wenn es gilt, durch Sprung auf die Klinke eine Tür zu öffnen. Vorbilder können Artgenossen, der Mensch und selbst der Haushund sein.

➤ **Audiovisuelle Landkarte.** Die Katze verfügt über einen untrüglichen Orientierungssinn. Ihr Gehirn speichert optische und akustische Wegmarken, anhand derer sie sich in Wohnbereich, Revier und näherer Umgebung zurechtfindet.

➤ **Die Uhr im Katzenkopf.** Dass die Katze einen hoch entwickelten Zeitsinn hat, erlebt jeder Halter zur Fütterungszeit, wenn Mieze auf die Minute pünktlich neben dem Napf steht – ohne dass man sie gerufen hat. Der Zeitsinn spielt im Katzenleben eine zentrale Rolle, unter anderem bei der täglichen Spielstunde, die möglichst nicht verschoben werden sollte.

Das geht Katzen gegen den Strich

Die Katze ist ein sensibles Tier. Ein Zuhause, in dem sie sich wohl und geborgen fühlt, ist ihr ebenso wichtig wie das richtige Futter. Spielen ist dafür ein guter Gradmesser: Eine Katze, die gern spielt und sich zum Spielen animieren lässt, ist entspannt und ausgeglichen. Umgekehrt sollte man genauer hinschauen, wenn die Katze nie spielt. Oft gibt es »atmosphärische Störungen«, die der Halter selbst vielleicht als nicht dramatisch einstuft. Das mögen Katzen nicht: Entzug von Gewohnheitsrechten (z. B. Schlafen im Bett), unregelmäßige Tagesabläufe (Mahlzeiten, Freigang, Spielstunde), Störungen während der Siesta, Zuwendungsentzug (z. B. Vernachlässigung wegen Baby), schrille Töne, scharfe Gerüche (Zitrusduft).

EIN FEST FÜR DIE SINNE

Je stärker ein Spiel ihre Sinne anspricht, desto leichter lässt sich eine Katze zum Mitmachen verführen: Ball- und Verfolgungsspiele aktivieren ihren Jagdtrieb, Angelspiele fordern und fördern das Reaktionsvermögen, versteckte Minzsäckchen trainieren den Geruchssinn, Suchspiele in dunklen Ecken und hinter dem Schrank lösen den ererbten Höhlenforscherdrang (wissenschaftlich: Spaltenappetenz) aus, und bei Hörspielen mit Knisterfolie oder Raschelsack ist jeder Stubentiger ganz Ohr.

Die Basics des Spieltrainings

Lange hielt man Katzen für notorische Einzelgänger, die ihren Artgenossen möglichst aus dem Weg gehen. Heute weiß man, dass sie vielfältige Kontakte untereinander knüpfen, dass es die sogenannten Bruderschaften der Kater tatsächlich gibt, dass sich befreundete Kätzinnen bei der Jungenaufzucht helfen und Streuner für gewisse Zeit Zweckgemeinschaften bilden und zusammen auf Beutezug gehen. Trotzdem ist die Katze unabhängig und selbstständig geblieben. Unterordnung ist ihr fremd, Entscheidungen trifft sie nach eigenem Gutdünken. Das gilt für alle Lebensbereiche, auch fürs Spielen. Der menschliche Spielpartner ist gleichberechtigt, aber nicht mehr. Spielvorschläge sind willkommen und werden je nach Tagesform und Spiellaune akzeptiert oder abgelehnt. Wer drängelt und glaubt, mit etwas Nachdruck und Überzeugungsarbeit zum Ziel zu kommen, erntet Ablehnung und vermiest seiner Katze den Tag.

Zum Spielen verführen

Auch wenn Ihre Katze letztlich entscheidet, ob und was sie spielen will, müssen Sie nicht unbedingt warten, bis sich ihre Hochwohlgeboren irgendwann gnädig zum Mitmachen herablässt. Bei einem Spielmäuschen an langer Schnur, das im wilden Zickzack vor ihrer Nase tanzt, zuckt es den meisten Katzen in den Pfoten. Das geheimnisvolle Halbdunkel eines Raschelsacks muss natürlich erkundet werden, dem betörenden Duft des Minzsäckchens widerstehen nur wenige Katzen und den Gitterball, der Leckerli ausspuckt, sobald man ihn anschubst, kann auch keine links liegen lassen.

Stimmt die Stimmung? Was immer auf dem Spielplan steht: Ihre Katze muss hellwach und freundlich-entspannt sein.

Vorfreude verschönert den Tag: Reservieren Sie eine feste Tageszeit für die Spielstunde. Ihre Katze verinnerlicht den Termin sehr schnell und kann es kaum erwarten, bis es so weit ist. Absagen sollten Sie die Verabredung nur im Notfall: Fällt die Spielstunde öfter aus, ist Ihr Wohnungstiger beleidigt und lässt Sie das spüren. Wählen Sie daher eine Tageszeit, zu der Sie in der Regel zu Hause sind.

Was ist mit Belohnung? Leckerbissen lehnt keine Katze ab. Eine Verpflichtung gleich welcher Art leitet sie daraus allerdings nicht ab. Futterbelohnungen sind zweischneidig: Eine satte Katze betrachtet Leckerli quasi als unverbindliche Zugabe, die hungrige Mieze hingegen ist so auf die Schmankerl fokussiert, dass sie für alles andere nicht zu gebrauchen ist.

➤ **Katzen brauchen kein Erfolgserlebnis.** Ob im Spiel oder im »richtigen Leben«: Für uns zählen Erfolg und Sieg. Wer immer wieder scheitert, verliert das Interesse und gibt irgendwann frustriert auf. Die Katze tickt anders. Selbst nach zig Fehlversuchen ist sie bei der Jagd auf Spielmäuse, beim Reaktionsspiel und bei Trickübungen voll und ganz bei der Sache – vorausgesetzt sie ist in Spiellaune. Auch bei der Jagd nach echten Nagern ist die Erfolgsquote oft eher bescheiden oder bleibt gar ganz aus. Das hält die Jägerin aber keineswegs davon ab, beim nächsten Streifzug wieder mit voller Konzentration ihren Lieblingsnagern aufzulauern.

Ganz ohne Spielregeln geht es nicht

Katzen sind rücksichtsvolle Tiere. Doch in wilden Kampf- und Reaktionsspielen verwischen manchmal die Grenzen, und Krallen und Zähne kommen zum Einsatz. In den ungestümen Balgereien der Kätzchen passiert das oft. Letztlich sorgen aber die angeborene Beißhemmung und der lautstarke Protest des malträtierten Artgenossen dafür, dass keiner Schaden nimmt. Bei unserer dünnen Haut geht es trotz Beißhemmung nicht immer schmerzfrei zu. Erziehen Sie Ihre Katze daher von Jugend an zum sanften Spiel.

Aggressives Verhalten: Gerade noch hat sie begeistert mitgespielt, aber plötzlich will sie nicht mehr, geht auf Distanz, faucht böse oder setzt ihre Krallen ein. Fast immer hat die Katze Ihnen schon vorher signalisiert, dass sie nicht mehr spielen will – meist mit warnend erhobener Pfote, ärgerlich peitschendem Schwanz und »umwölktem« Blick. Da Sie auf die Signale nicht reagiert haben, muss Ihre Spielpartnerin deutlicher werden …

Eifersucht: Leben mehrere Katzen unter einem Dach, beansprucht jede Platz eins im Herzen ihres Menschen. Beim gemeinsamen Spiel kommt es schnell zu Eifer-

WUSSTEN SIE …?

… dass Katzen Opportunisten reinsten Wassers sind? Sie richten ihre Handlungen und ihr Verhalten stets danach aus, ob es für sie lohnend ist und Vorteile bringt, sich zu engagieren und Energie zu investieren. Was eine Katze allerdings als erstrebenswert und lukrativ einstuft, lässt sich auch von Katzenkennern nicht immer im Voraus erahnen. Das kann eine Streicheleinheit, ein Leckerbissen, der Spaß am Erlernen von Tricks oder einfach nur die wilde Verfolgungsjagd durchs ganze Haus sein.

suchtsszenen, wenn sich eine Katze benachteiligt fühlt. Die Katzendamen reagieren sensibler als die eher gutmütigen Kater. Der Ärger mündet meist in »Handgreiflichkeiten« zwischen den Katzen, nur selten richtet er sich gegen den Menschen. Spielen Sie mit eifersüchtigen Katzen stets solo.

Beißen: Jungkatzen machen den Bisstest bei fast allem, was ihnen vor die Zähne kommt. Das ist Katzenart, um die neue Welt kennenzulernen, Materialien zu checken und Genießbares von Ungenießbarem zu unterscheiden. Folgerichtig werden die spitzen Zähnchen auch im Spiel eingesetzt. Stoppen Sie die Spielaktion sofort, wenn das Kätzchen in Hand oder Arm beißt, und tadeln Sie es mit einem scharfen »Neiiin!« Bleiben Sie geduldig und konsequent, auch wenn es geraume Zeit dauert, bis die kleine Katze begreift, worum es geht. Die frühkindliche Erziehung zahlt sich aus, beißwütige erwachsene Katzen lassen sich nur schwer bekehren.

Krallen: Viele Katzen fahren beim Spielen mit dem Menschen nie ihre Krallen aus, fast so als wüssten sie, dass wir verletzlicher sind als ihre Artgenossen. Andere hingegen scheren sich offenbar keinen Deut darum, ob die Krallen blutige Spuren auf unserer Haut hinterlassen und verlieren bei wilden Kampfspielen jegliche Hemmung. Oft hilft allein die Radikallösung: keine Spiele, bei denen Pfoten und Krallen dem menschlichen Spielpartner zu nahe kommen. Und wenn es doch wieder einmal passiert: laut aufschreien, damit der Übeltäterin der Schreck in die Knochen fährt.

Der Bauch ist Vertrauenssache

Mein Bauch gehört mir! Getreu dieser Devise verweigern nicht wenige Katzen auch befreundeten Menschen die Berührung ihres Bauchs. Das geschieht nicht von ungefähr: Zum einen ist die Körperunterseite verletzlich, zum anderen

reagiert eine auf dem Rücken liegende Katze mit einem Verteidigungsreflex, wenn man ihr zu nahe kommt oder ihren Bauch berührt. Die Abwehrhaltung wird häufig gegenüber Feinden sowie beim Zoff und im Spiel mit Artgenossen eingenommen. Trotz der scheinbar ungünstigen Position bietet die Rückenlage Vorteile, da sich die Katze so mit allen vieren und mit ausgefahrenen Krallen wehren kann.
Auch bei der freundlich-streichelnden Bauchberührung des Menschen können Katzen diesen Abwehrreflex häufig nicht unterdrücken – was ihnen danach sichtbar peinlich ist. Zu den Tabuzonen des Katzenkörpers, die man nicht ungefragt berühren sollte, gehören darüber hinaus die Ohrmuscheln und die Pfotenballen, wobei für die der Hinterbeine meist ein noch strikteres Verbot gilt als für die vorderen.

Kastrierte Katzen spielen mehr

Eine kastrierte Katze bindet sich stärker an den Menschen, sie ist anhänglicher und unternimmt seltener ausgedehnte Streifzüge als ihre nicht kastrierten Artgenossen. Kastrierte Tiere spielen meist ausgeglichener und sanftmütiger. Katzen, die schon früh kastriert wurden, attestiert man darüber hinaus eine besonders ausgeprägte Lust am Spiel.

Darauf sollten Sie als Spielpartner achten

Nicht nur für Ihre Katze gibt es Spielregeln, auch Sie können durch Ihr Verhalten und Ihre Ansprache dafür sorgen, dass die Spielzeit harmonisch verläuft und die Katze sich auf die Spielübung konzentriert.

➤ Für Katzen ist der stehende Mensch ein Riese. Vor allem auf Tiere, deren Vertrauen noch nicht gefestigt ist, wirkt er bedrohlich. Gehen Sie beim Spiel in die Hocke oder auf die Knie, damit Sie etwa auf gleicher Höhe mit Ihrer Katze sind.

➤ Vermeiden Sie den direkten Blickkontakt mit der Katze, sondern beobachten Sie sie nur aus den Augenwinkeln. Anstarren gilt in Katzenkreisen als unhöflich oder wird als Bedrohung empfunden. Den Menschen blicken die meisten Katzen ebenfalls nur an, wenn er selbst zur Seite schaut. Die gegenteilige Wirkung hat Blinzeln. Dabei wird der Augenkontakt immer wieder kurz unterbrochen und signalisiert die friedliche Stimmung der Katze. Auch in der Kommunikation mit uns blinzeln Katzen. Hier ist das Verhalten oft mit einer Aufforderung zum Füttern oder Streicheln verbunden.
➤ Sprechen Sie die Katze leise und mit einschmeichelnden Wörtern oder kurzen Sätzen an. Benutzen Sie Wortsignale, die sich deutlich voneinander unterscheiden. Legen Sie die Betonung dabei auf die Vokale oder ziehen sie in die Länge: »Feiiin!«, »Kooomm!«
➤ Wiederholen Sie eine Aufforderung nicht mehrmals hintereinander, wenn Ihre Katze nicht reagiert oder sich für andere Dinge interessiert, sondern legen Sie eine Pause ein und starten die Übung später neu. Ein Schmuse-Intermezzo entspannt und sorgt dafür, dass Ihre Katze sich wieder ganz allein Ihnen widmet.
➤ Achten Sie darauf, dass Ihre Hände nicht nach parfümierter Seife, Reinigungs oder Lebensmitteln riechen.
➤ Konzentrieren Sie sich auf das Spiel, und lassen Sie sich nicht ablenken. Ihre Katze spürt, wenn Sie nur halbherzig bei der Sache sind.

SCHWANZJAGEN

Manche Katzen drehen sich ständig im Kreis und versuchen ihren Schwanz zu fangen. Eine solche Zwangsneurose kann zur Selbstbeschädigung führen. Mit reizvollen Beschäftigungsangeboten lässt sich der stereotype Handlungsablauf in vielen Fällen erfolgreich durchbrechen.

Hört Ihr Wohnungstiger auf seinen Namen?

So zuverlässig wie der Hund kommt Ihre Katze nicht herbei, wenn sie bei ihrem Namen gerufen wird. Trotzdem läuft mit dem richtigen Namen vieles leichter – auch im Spieltraining. Wählen Sie ein kurzes, höchstens zweisilbiges Wort, das sich vom Wortklang nicht mit einem anderen Rufwort verwechseln lässt, und legen Sie die Betonung auf die Vokale, zum Beispiel »Maajaa« oder »Tooopsi«. Rufen Sie Ihre Katze nur beim Namen, wenn damit etwas Positives für sie verbunden ist. Zu Beginn des Namenstrainings darf das natürlich auch ein Leckerbissen sein. Setzen Sie den Namen nicht inflationär ein, sondern bewusst nur in wenigen besonderen Situationen. Das stellt sicher, dass die Katze den Ruf nicht überhört.

Loben und tadeln

Ein Leckerbissen ist nach erfolgreicher Übung ebenso willkommen wie ein paar Streicheleinheiten. Auf diese Weise können Sie Ihrer Katze signalisieren, dass die Spielstunde beendet ist. Ein Tadel ist beim Spielen nur selten erforderlich. Konzentriert sich Ihre Mitspielerin nicht mehr aufs Spiel oder missachtet die Spielregeln, ist es am einfachsten, die Übung zu stoppen oder das Training für diesen Tag ganz zu beenden. Benimmt sie sich anderweitig daneben und schärft zum Beispiel ihre Krallen während des Spiels verbotenerweise am Sofa, reicht meist eine dezente Verwarnung – vor allem dann, wenn sie eigentlich weiß, dass sie gesündigt hat. Oft genügt ein scharf gesprochenes »Nein!«, begleitet von

17 | Wasserspiele

Typisch Katze: Ihre Herkunft lässt Katzen sparsam mit Wasser umgehen, aber ausgesprochen wasserscheu sind sie nicht. Viele verzichten zum Beispiel selbst bei Regen und Schnee nicht auf die Pirsch. Und das Spiel mit der Fontäne eines Springbrunnens oder dem tropfenden Wasserhahn finden fast alle Katzen spannend.

18 | »Teppichmäuse« fangen

Typisch Katze: »Teppichmäuse« setzen dem Mäusezirkus (→ Karte 9) noch eins drauf: Ein Mäuschen, das in einer Spalte bzw. unter dem Teppich verschwindet, ruft auch den phlegmatischsten Stubentiger auf den Plan. Kann er selbst nicht in den Unterschlupf kriechen, versucht er den Nager mit Pfoten und Krallen zu erwischen. Bei dieser Aktion hat die Katze nur noch Augen und Ohren für ihre Beute und vergisst alles andere, was ringsum passiert. Es ist Spiel, aber die Jägerin nimmt es so ernst wie die echte Jagd.

19 | Auf Entdeckertour

Typisch Katze: Offene Schubladen sind für Wohnungstiger genauso reizvoll wie Überraschungsbox (→ Karte 16) und Raschelkiste (→ Karte 14). Und wenn es darin etwas zum Wühlen gibt, nimmt man der Hausfrau gern die Arbeit ab und räumt die Schublade aus.

20 | Fummeln und schubsen

Typisch Katze: Ein Fummelbrett bietet der Katze Vollzeitbeschäftigung. Hier gibt es viele verschiedene Stationen, an denen sich Kügelchen und Bälle bewegen lassen und Deckel verschoben werden können, unter denen Leckerlis auf die Fummelmeisterin warten. Langzeitspielspaß ist garantiert.

21 | Jobs für Tüftelprofis

Typisch Katze: Bei den Funboards für Katzen ist der Name Programm und steht für jede Menge Tüftelspaß. Die Katze kann ihr Kombinationsvermögen und Pfotengeschick an verschiedenen Modulen testen. Und immer winkt für erfolgreiches Tüfteln eine kleine Belohnung,
Mitspieler erlaubt? Zu zweit oder dritt auf Fummeltour? Bei Fun- und Activity-Boards mit mehreren Modulen kein Problem, weil jede Katze in ihrer Spielzone knobelt.
Tipp: Mit ein bisschen Kreativität machen Sie Ihre Katze mit einem individuellen Funboard glücklich.

22 | Papiertiger

Typisch Katze: »Old fashioned« ist nach wie vor unschlagbar: Bällchen und Flieger aus Papier, Luftschlangen und Papiertüten sind die Dauerbrenner, seitdem Wohnungstiger von ihren Besitzern zum Spielen animiert werden.
Mitspieler erlaubt? Der Mensch darf und soll mitspielen!

23 | Wunderkiste

Typisch Katze: Das Abenteuerland für Ihre Katze muss nicht größer als ein Schuhkarton oder eine Eierschachtel sein, wenn darin viele Röhrchen mit aufregenden Inhalten auf die Plünderung warten. Ein fantastisches, immer wieder neues Fummelvergnügen.

24 | Zapfen-Schmankerl

Typisch Katze: Der offene Pinienzapfen ist die exotische Variante der Wunderkiste. Auf den von Samen befreiten Schuppen können kleine Spielsachen (Federn, Papierbällchen) oder Leckerbissen deponiert werden. Kein leichter Job für die Katze, das Stückgut wieder herauszufummeln.

25 | Futterkanone

Typisch Katze: Die Verlockung ist groß und die Sehnsuchtsobjekte sind ganz nah, aber offensichtlich doch sehr weit weg. Um ans Trockenfutter im Glasröhrchen zu kommen, muss eine Katze lange tüfteln und probieren. Doch Geduld und hartnäckiges Versuchen sind zentrale Charakterelemente der Katze, die zum Beispiel auch beim Beutemachen über Erfolg und Misserfolg mitentscheiden.

26 | Intelligenzspiele im Test

Typisch Katze: Wie bei der Futterkanone wird der Weg zum Erfolg beim Futterlabyrinth von Versuch und Irrtum bestimmt. Auch für eine Katze mit Köpfchen markieren Fehlversuche die erste Phase des Probierstadiums. Doch entmutigen lässt sie sich davon nicht und wird irgendwann auch für ihre Ausdauer belohnt.

Mitspieler erlaubt? An größeren Labyrinthen können zwei Superhirne kombinieren, ohne sich ins Gehege zu kommen.

27 | Eierschachtel-Spiel

Typisch Katze: Die präparierte Eierschachtel macht nicht nur Lust aufs Tüfteln, sie verführt auch zum Schnüffeln. Obwohl Katzen keine ausgesprochenen Nasentiere sind, spielen Gerüche in ihrem Leben doch eine wichtige Rolle.

Info: Katzenminze (engl. catnip) versetzt viele Katzen in einen rauschartigen, aber ungefährlichen Zustand.

28 | Snackball

Typisch Katze: Dass Katzen Individualisten sind, zeigt sich auch beim Snackball: Manche beschäftigen sich stundenlang mit ihm, selbst wenn nur ab und zu ein Leckerli herausfällt, anderen ist der Ball völlig schnuppe.

29 | Flaschen drehen

Typisch Katze: »Flaschen drehen« bringt im wahrsten Sinn des Wortes Bewegung in die Denkarbeit der Katze. Nur wenn sie eine Flasche mit der Pfote herumdreht und die Öffnung nach unten zeigt, kullert Leckeres heraus. Hat Ihre Katze den Bogen raus, landet dieses Spiel garantiert auf dem 1. Platz ihrer Best-of-Spieleliste.

30 | Korbspiel und Leckerlitausch

Typisch Katze: Dass man auf direktem Weg nicht zum Ziel kommt, ist für das Katzenköpfchen nicht leicht zu begreifen. Oft spielt der Zufall mit, und die Katze entdeckt irgendwann nach vielen Fehlversuchen die einzig richtige Route. Und beweist, dass sich beharrliche Probeläufe allemal auszahlen.

31 | Kopfarbeit

Typisch Katze: Leckerbissen sind der größte Anreiz. Sie verstecken sich hinter Schiebeklötzchen, in Rinnen, Mulden oder Löchern, bei denen zuerst ein Deckel gelüftet oder eine Kugel zur Seite geschubst werden muss. Auch wenn es oft Zeit braucht, bis die vierbeinigen Denksportler das Prinzip begreifen, zum Schluss kommen sie immer ans Ziel.

32 | Seilartisten

Typisch Katze: Katzen bewegen sich gern ganz oben. Höhe bringt Vorteile: bei der Revierkontrolle und beim Zoff mit Artgenossen. Klettern ist für die Katze Alltagspraxis. Und an Strickleiter und Klettertau kann man Fitness und Klettertechnik wunderbar testen und verbessern.

Risiken vermeiden: Sichern Sie kletternde Youngster mit Netzen oder Hängematten vor Abstürzen.

Tipp: Tau oder Strickleiter gehören an jeden Kratzbaum.

33 Sitz- und Sprungtraining

Typisch Katze: Von einem bewegungsfreudigen Tier wie der Katze verlangt das Sitztraining viel Kooperationsbereitschaft. Und von ihrem Mensch ebenso viel Geduld. Springen entspricht eher der Katzennatur. Nicht zuletzt sind Sprünge mit Punktlandung Voraussetzung fürs erfolgreiche Beutemachen. Der Hüpfer von Stuhl zu Stuhl ist eine leichte Übung – vorausgesetzt, Ihre Katze hat Spaß am Training.

34 Balancieren

Typisch Katze: Absolute Schwindelfreiheit und ein hochsensibler Gleichgewichtssinn: die perfekte Ausstattung für Balance-Darbietungen auf schmalen Stegen in jeder Höhe. **Risiken vermeiden:** Selbst die trittsicherste Katze kann einmal vom Weg abkommen: Auffangnetze unter hoch gelegenen Laufstegen verhindern den freien Fall.

35 Tanzstunde

Typisch Katze: Manche Katzen können erstaunlich lange auf den Hinterbeinen stehen, vor allem, wenn weit oben ein reizvolles Objekt oder Leckerli lockt. Zur Körperdrehung und Pirouette ist es dann nur ein kleiner (Tanz-)Schritt. **Info:** Nicht jeder Katze liegt das Tanzen im Blut.

36 Apportieren nach Hundeart

Typisch Katze: Sie bringen erbeutete Nager an einen sicheren Ort und schleppen ihr Lieblingsspielzeug ins Versteck: Katzen sind häufig mit den unterschiedlichsten Objekten auf Tour. Um das Frachtgut beim Besitzer abzuliefern, braucht es jedoch gute Gründe. Denn einfach hergeben käme keiner Katze in den Sinn. Bei besonders verführerischen Leckerli-Angeboten lässt sich allerdings darüber reden.

Auf einen Blick: In dieser Übersicht finden Sie alle Übungen der vier Kategorien mit den Nummern der Übungskarten.

Volldampf- und Ballspiele

1 Auf Angeltour
2 Bommelfieber
3 Raschelraupe
4 Agility
5 Squash
6 Die wilde Jagd
7 Seifenblasen fangen
8 Lichtpunktjagd
9 Mäusezirkus
10 Fußball spielen

Geschicklichkeits- und Suchspiele

11 Verstecken
12 Fischfang
13 Seerosen-Spiel
14 Leckerlis in der Raschelkiste
15 Fischen im Mini-Teich
16 Überraschungsbox
17 Wasserspiele
18 »Teppichmäuse« fangen
19 Auf Entdeckertour

Denk- und Kombinationsspiele

Tricks und Akrobatik

Register

Die Seitenzahlen verweisen auf Seiten im Begleitbuch, **halbfette** Seitenzahlen auf Abbildungen. U = Umschlagseite

Mit Bastel-Tipp

Anleitungen zum Selbstbasteln von Spielzeug finden Sie auf den folgenden Übungskarten: 1, 2, 3, 7, 9, 11, 13, 15, 16, 19, 20, 21, 22, 23, 24, 27, 28, 29, 31.

Steckbrief: Die Spielertypen

Die Kurzporträts verweisen auf Übungskarten mit Spielen für den jeweiligen Spielertyp. Den TypTest »Welcher Spielertyp ist meine Katze?« finden Sie auf Seite 46.

Versteckprofi

Hinterm Vorhang warten, ob Frauchen das Versteck entdeckt, macht jeder Katze tierisch viel Spaß. Aber auch die Objektsuche lässt keine kalt (→ Karte 11).

Ballkünstler

Ballspielen macht Katzen süchtig – ob bei der Solo-Jagd nach Ball oder Kong oder beim »Fußballspiel« mit Artgenossen oder dem Menschen (→ Karte 10).

Apportierjunkie

Was Bello kann, kann so manche Katze schon lange: Freiwillig schleppt sie alles herbei, was zwischen ihre Zähne passt. Und das oft stundenlang (→ Karte 36).

Leistungssportler

Viele Katzen frönen dem olympischen Gedanken: schneller, höher, weiter. Volldampfspiele sind exakt das, was den Katzentag versüßt (→ Karten 1–10).

Superhirn

Katzen sind Weltmeister im Beobachten. Meist reicht einmal zuschauen und sie wissen, wie der Hase läuft. Hat Ihre Katze das Zeug zum Superhirn (→ Karten 25–31)?

Sofatiger

Der Couch Potato ist der erklärte Antisportler und in Katzenkreisen gar nicht so selten. Aber auch ihm kann man etwas mehr Bewegung verordnen (→ Seite 26).

TypTest Welcher Spielertyp ist meine Katze?

Worin ist Ihre Katze top? Mehrfachnennungen sind möglich, da sich viele Katzen nicht nur in einer Disziplin bewähren.

Versteckprofi

- Versteckt sich immer hinter dem nächsten Vorhang. **2**
- Wartet nicht, sondern verlässt ihr Versteck wieder. **1**
- Findet tolle Verstecke, wo man sie kaum entdeckt. **3**

Ballkünstler

- Im Ballderby mit Artgenossen ist sie der Top-Star. **3**
- Trickst Herrchen bei jedem Ballspiel aus. **2**
- Der Ball interessiert sie nur für wenige Minuten. **0**

Apportierjunkie

- Apportieren wird ihr nie langweilig. **3**
- Sie nimmt die Objekte auf, lässt sie aber wieder fallen. **0**
- Bringt die »Beute« immer sofort in ihr Versteck. **1**

Leistungssportler

- Rennen, Klettern, Springen? Nur wenn es nötig ist. **0**
- Volldampf gehört zum täglichen Fitnessprogramm. **3**
- Wer sich draußen bewegt, darf im Haus ausspannen. **1**

Superhirn

- Winken Leckerlis, löst sie die kniffligsten Aufgaben. **2**
- Denksport am Tüftelbrett macht sie süchtig. **3**
- Wenn's nicht gleich klappt, verliert sie die Lust. **0**

Auflösung: Eine **3** oder gar mehrere? Glückwunsch, Ihre Katze ist sportlich und spielerisch auf der Höhe. Aber auch eine **2** ist okay. Für die anderen gibt es die Übungskarten.

Die werden Sie auch lieben.

ISBN 978-3-8338-3641-1

ISBN 978-3-8338-2875-1

ISBN 978-3-8338-4422-5

ISBN 978-3-8338-7125-2

e Auch als eBook erhältlich.

Mehr von GU auf **www.gu.de** und
facebook.com/gu.verlag

G|U
Willkommen im Leben.

Die Autoren

Gabriele Linke-Grün (Text Übungskarten) arbeitet seit vielen Jahren als freie Journalistin für Tierzeitschriften und Schulbuchverlage. Für den Gräfe und Unzer Verlag ist sie als freie Lektorin und Autorin tätig. Über Katzen und die Haltung von Katzen hat sie schon mehrere erfolgreiche Ratgeber geschrieben, unter anderem »Wohnungskatzen« und »Katzen-Spiele«.

Dr. Gerd Ludwig (Text Begleitbuch) ist Zoologe, Buchautor und Journalist. Für Gräfe und Unzer hat er mehrere Katzenbücher verfasst.

Bildnachweis und Impressum

Die Fotos zu dieser Box stammen von: **Fressnapf:** Buch U2-2, U2-3; **O. Giel:** Box U4, Buch 4, 9, 18, 40, 41 (2), 44-3, 45-2, Karte 1 VS, 4, 5, 6, 7 VS, 11 RS (2), 12, 18 VS, 19 RS, 22 VS, 22 RS-2, 26 RS (2), 28 VS, 34, 36 VS; **U. Schanz:** Karte 16 RS-2; **Stocksy/M. DeFazio:** Cover Box und Buch; **M. Wegler:** Buch 1, 14, 24, 30, 44-1, 44-2, 45-1, 45-3, Karte 1 RS (2), 2, 3, 7 RS (2), 8, 9, 10, 11 VS, 13, 14, 15, 16 (VS), 16 RS-1, 17, 18 RS (2), 19 VS (2), 20 VS, 20 RS-2, 21, 22 RS-1, 23, 24, 25, 26 VS, 27, 28 RS, 29 VS, 29 RS-1, 30, 31, 32, 33, 35, 36 RS; **Zooplus:** Buch U2-1, U2-4, U3 (4), Karte 20 RS-1, 29 RS-2.
Verlag und Autoren danken den Firmen Fressnapf und Zooplus für die Überlassung der Produktfotos.

© 2017 Gräfe und Unzer Verlag GmbH, München. Alle Rechte vorbehalten. Nachdruck, auch auszugsweise, sowie Verbreitung durch Bild, Funk, Fernsehen und Internet, durch fotomechanische Wiedergabe, Tonträger und Datenverarbeitungssysteme jeder Art nur mit schriftlicher Genehmigung des Verlages.

Wichtiger Hinweis
Die Daten und Fakten dieses Buches wurden mit äußerster Sorgfalt recherchiert und geprüft. Dennoch kann eine Garantie nicht übernommen werden. Eine Haftung des Verlages für Personen-, Sach- und Vermögensschäden ist ausgeschlossen.

Projektleitung: Miriam Lang
Lektorat: G. Ludwig, G. Linke-Grün
Bildredaktion: Daniela Jelinek
Layout: H. Bornemann Design
Umschlaggestaltung: h3a Mediengestaltung und Produktion, Andreas Grassinger, München
Satz: Uhl + Massopust, Aalen
Herstellung: Mendy Willerich
Repro: Longo AG, Bozen

Printed in China
ISBN 978-3-8338-5921-2
2. Auflage 2022

Syndication: www.seasons.agency

www.facebook.com/gu.verlag

GRÄFE UND UNZER

Ein Unternehmen der
GANSKE VERLAGSGRUPPE